U0247360

1分钟儿童小百科

海洋小百科

介于童书/编著

R 江苏凤凰科学技术出版社 · 南京

图书在版编目（CIP）数据

海洋小百科 / 介于童书编著 . — 南京：江苏凤凰
科学技术出版社, 2022.2
　　（1分钟儿童小百科）
　　ISBN 978-7-5713-2200-7

　　Ⅰ . ①海… Ⅱ . ①介… Ⅲ . ①海洋 – 儿童读物 Ⅳ .
①P7–49

中国版本图书馆 CIP 数据核字 (2021) 第 162048 号

1分钟儿童小百科

海洋小百科

编　　　著	介于童书
责 任 编 辑	祝　萍
责 任 校 对	仲　敏
责 任 监 制	方　晨

出 版 发 行	江苏凤凰科学技术出版社
出 版 社 地 址	南京市湖南路 1 号 A 楼，邮编：210009
出 版 社 网 址	http://www.pspress.cn
印　　　刷	文畅阁印刷有限公司

开　　　本	710 mm × 1 000 mm　1/24
印　　　张	6
字　　　数	150 000
版　　　次	2022年2月第1版
印　　　次	2022年2月第1次印刷

标 准 书 号	ISBN 978-7-5713-2200-7
定　　　价	36.00元

图书如有印装质量问题，可随时向我社印务部调换。

扫一扫 听一听

　　有人说地球是一个浸在水中的星球，因为地球上约 71% 的面积都被蓝色的海洋覆盖。海洋是一个广大的水域，被各大陆地分开却又彼此连通，总面积约为 3.6 亿平方千米。海洋是个景色奇异、物产丰富的世界，与我们的生活息息相关，它不仅可以调节整个世界的气候，还为我们提供丰富的食物资源、医药资源、矿产资源、旅游资源等。

　　为了让孩子对海洋有更加全面的认识，发现海洋之趣，本书用通俗易懂的语言介绍了关于海洋的知识，包括海洋奥秘、海洋生物、海洋资源、海洋探索与开发、海洋污染与灾害五个部分。全书集丰富的内容与精美的图片于一体，既能激发孩子的阅读兴趣，又能让孩子对海洋有更深刻的认识，让孩子在阅读中发现、探索、了解海洋世界。

目录

海洋奥秘

海和洋 / 8

大海的颜色 / 10

海水的温度 / 12

海洋深度 / 14

海流 / 16

海沟 / 18

中洋脊 / 20

海底峡谷 / 22

冰山 / 24

珊瑚礁 / 26

死海 / 28

百慕大三角 / 30

海洋生物

海洋植物 / 34

海洋哺乳动物 / 36

海洋爬行动物 / 38

海洋节肢动物 / 40

海洋软体动物 / 42

海洋鱼类 / 44

海洋鸟类 / 46

棘皮动物 / 48

刺胞动物 / 50

海绵动物 / 52

海洋资源

海盐 / 56

海洋旅游 / 64

生物资源 / 72

矿产资源 / 58

海洋能源 / 66

潮汐能 / 74

海底石油 / 60

锰结核 / 68

波浪能 / 76

天然气水合物 / 62

医药资源 / 70

海洋温差能 / 78

海洋探索与开发

郑和下西洋 / 82

水肺潜水 / 92

海上运输 / 102

哥伦布横渡大西洋 / 84

潜水艇 / 94

海水养殖 / 104

达·伽马到达印度 / 86

深潜器 / 96

海上机场 / 106

麦哲伦环球航行 / 88

蛟龙号 / 98

海水淡化 / 108

发现好望角 / 90

海底隧道 / 100

海上工厂 / 110

海洋污染与灾害

石油污染 / 114

灾害性海浪 / 124

海冰 / 134

重金属污染 / 116

赤潮 / 126

厄尔尼诺现象 / 136

放射性污染 / 118

海雾 / 128

海难 / 138

热污染 / 120

海啸 / 130

互动小课堂 / 140

固体废物污染 / 122

风暴潮 / 132

海洋奥秘

hǎi yáng ào mì

扫一扫 听一听

浩瀚深邃的海洋蕴藏着数不清的秘密，吸引着人们去探索。随着科技的不断进步，人们对海洋的认识越来越深入，如探测海洋深度、寻找海流规律、发现海底热泉、勘探海底资源等，海洋的神秘面纱逐渐被人们揭开。目前我们了解的海洋只是很小的一部分，还有更多的未知等着我们去发现。

海和洋

海和洋构成海洋，洋是海洋的中间部分，海是海洋的边缘部分。地球上的大洋共有五个，分别为太平洋、大西洋、印度洋、北冰洋和南冰洋。大洋深度超过3 000米，离陆地较远，较少受到陆地的影响，水中杂质少，透明度高。海的深度不超过3 000米，靠近大陆，海水温度、盐度、透明度和颜色都受大陆的影响。

知识链接

南冰洋是第五个被国际水文地理组织确定的大洋，它围绕着南极大陆，是世界上唯一一个完全环绕地球而没有被陆地所隔开的大洋。南冰洋的北边界在南纬60°附近，海水温度在-2~10摄氏度，以寒带气候为主。

大海的颜色

将海水捧在手心近距离观察时，会发现它是透明的，当我们站在海边眺望时，又发现那是一片蓝色汪洋。大海的颜色是由它本身对太阳光线的吸收、反射和散射造成的，太阳光中的蓝光波长较短，与纯净的海水相遇时，极易被反射和散射，而人的眼睛又对蓝光比较敏感，所以看到的就是蓝色的大海了。

知识链接

由于海水所处深度的不同，海水的蓝色是有深浅差异的。太阳光中的蓝光在进入海水后，因反射和散射让海水看起来呈淡蓝色，随着海水深度的不断增加，被吸收和反射的光会越来越多，海水的蓝色也就随之加深。

海水的温度

海水的温度是用来反映海水热状况的。由于太阳辐射和海洋大气的热交换会有变化，因此海水的温度有日、月、年等规律性变化和无规律性变化，海水温度日变化较小，年变化较大。世界海洋的水温一般在-2摄氏度至30摄氏度之间变化，年平均水温在20摄氏度以上的区域占海洋总面积的50%以上。

知识链接

海水的温度在垂直方向上是有变化的，水温一般随着深度的不断增加而降低。在1 000米以内，水温下降速度较快；水深1 000米以上，水温下降缓慢。这主要是因为表层水温受太阳辐射影响较大。

海洋深度

海洋深度是指从海平面到海底的垂直距离，分为五个水层：海洋上层（0~200米），阳光可以穿过海水，海水呈蔚蓝色；海洋中层（200~1 000米），阳光穿透力减弱，海水呈黑蓝色；海洋深层（1 000~4 000米），阳光无法到达，是一个黑暗的地带；海洋深渊层（4 000~6 000米），这一层更加漆黑；深度在6 000米以上的区域为海洋超深渊层。

知识链接

海洋深度是利用回声探测仪测出来的。回声探测仪向海底发出超声波，超声波在到达海底之后被反射回来，回声探测仪收到反馈信号，然后根据超声波从发出到返回所花费的时间来计算海洋深度。

海流

海水在一个比较大的空间内，常年朝着固定方向和路径的流动称为海流。它可以促进不同海区进行水量交换、热量交换和盐分交换。根据成因将海流分为两种：一种是风海流，受海面上的风力驱动而形成的；另一种是密度流，不同海域海水密度的不同造成水位高低的差异，进而形成流动。

知识链接

海流有寒流、暖流之分。寒流来自低水温处，对沿岸气候有降温减湿的作用；暖流来自高水温处，对沿岸气候有增温增湿的作用。寒暖流交汇的地方往往会建有大渔场，如纽芬兰渔场和北海道渔场。

海沟

海沟是狭长的、两侧较陡的海底凹地，多位于大洋的边缘，在太平洋海域较多。地质学上认为海洋板块和大陆板块相互作用产生了海沟。海洋板块因为密度较大插到大陆板块的下边，两个板块产生摩擦形成沟槽。有科学家发现海沟与地震具有很大的相关性，环太平洋地震带就位于海沟附近。

知识链接

世界上最深的海沟是位于菲律宾附近的马里亚纳海沟，最大水深在斐查兹海渊，约为11 034米，是地球的最深点，有"挑战者深渊"之称。这个海沟是由太平洋板块向欧亚板块俯冲而形成的。

中洋脊

中洋脊是隆起于洋底中部的系列山脉，它们成因相同、特征相似，纵贯太平洋、大西洋、印度洋和北冰洋。太平洋中脊位置偏东，称为东太平洋海岭；大西洋中脊呈"S"形，向北可延伸到北冰洋；印度洋中脊有三支，呈"入"字形。洋面以上的中洋脊称为岛屿，如冰岛和复活节岛。

知识链接

冰岛是北大西洋上的一个岛国，位于大西洋中脊上，是一个地质运动活跃、火山频发的国家，岛上火山近300座。冰岛地处高纬度地区，靠近北极圈，因周围有大西洋暖流经过，气温并不低，属于温带海洋性气候。

海底峡谷

海底峡谷与陆地上的峡谷有很多相似的地方，谷壁陡峭、多岩石，起伏较大。它主要分布在大陆坡上，甚至靠近海岸线，谷底延伸偏向大洋方向。依据成因和物理特征的不同，海底峡谷主要分为海底扇形谷、陆架沟渠、冰蚀槽和深海峡四类。世界上最长、最大的海底峡谷在白令海。

知识链接

巴哈马峡谷位于大西洋巴哈马群岛的东北方向，谷壁高约4 400米，是世界上最深的海底峡谷，陆上峡谷是无法与它相比的。该峡谷非常壮观，周边景色秀美，吸引了不少游客前去观赏。

bīng shān
冰山

冰山是指在海洋中自由漂动的大块冰体，它是由冰川或临海一侧的极地冰块破裂而成的，多分布在北美洲的格陵兰岛附近。在海上漂动的冰山其实约有90%是位于海平面以下的，在海上能够看到的只是很小的一部分。冰山是特别宝贵的淡水资源，人类目前所掌握的技术还没有办法利用它。

知识链接

冰山被称为轮船的"海上克星"。轮船在海上遇到冰山是非常危险的，历史上有无数海难都是因为船体撞上了冰山，船舱进水导致船渐渐沉入海底，这其中包括曾经号称"永不沉没"的游轮——泰坦尼克号。

24

珊瑚礁

珊瑚礁是大量珊瑚虫骨骼在上百年甚至上千年的沉积中形成的岩体。根据不同形态，珊瑚礁可以划分为裾礁、堡礁、环礁、桌礁及一些过渡类型。珊瑚礁不仅为一些动植物提供了良好的生活环境，还蕴藏着丰富的矿产资源和油气资源。现在，人类不合理的生产活动给珊瑚礁带来了很大的威胁。

知识链接

大堡礁是世界上最大、最长的珊瑚礁群，它纵贯澳大利亚东北海岸，北起托雷斯海峡，南至南回归线以南，长约2 000千米，多彩多姿的珊瑚景色吸引了世界各地的游客前来观赏。1981年，大堡礁被列入《世界自然遗产名录》。

死海

死海其实是一个内陆盐湖，位于约旦、巴勒斯坦和以色列的交界处，湖面海拔约为-430米，是世界上海拔最低的湖泊。死海中的水含盐量极高，大约是普通海水的8倍，水中生物难以生存，甚至死海的沿岸也因富含盐分而寸草不生。相关数据显示，死海的水位在不断下降，死海中水的盐度也在不断地提高。

知识链接

"死海不死"是因为死海盐分占比很高，浮力大，人们即使不会游泳，也可以躺在水面上沐浴阳光。盐水具有杀菌消毒的作用，能促进伤口愈合，不过身上有伤口时在死海漂浮会有刺痛感。

百慕大三角

百慕大三角是由百慕大群岛、美国的迈阿密和波多黎各的圣胡安三点连接形成的一个三角地带，位于北美佛罗里达半岛的东南部。这片海域常出现人们难以用现有研究成果解释的现象，现在已经成为离奇失踪事件的代名词。著名航海家哥伦布是世界上第一个经历百慕大三角的人。

知识链接

对"百慕大三角"的解释主要有两类：一类说法是这些失踪是超自然原因导致的，如外星人的飞碟；另一类说法是这些是自然原因造成的，如地磁异常、洋底空洞。还有人提出了旋涡说、可燃冰说、次生说等。

hǎi yáng shēng wù
海洋生物

扫一扫 听一听

32

海洋生物是指生长在海洋里且有生命的物种，包括海洋植物、海洋动物和一些微生物等。在我国所管辖的海域内已发现20 000多种海洋生物，我国的海洋生物种数约占世界海洋生物种数的10%，可见海洋生物的种类是多么丰富。海洋生物的多样性让这个世界更加多姿多彩，也为我们提供了丰富的食物资源和药物资源。

海洋植物

海洋植物属于自养型生物,利用叶绿素进行光合作用来生产自身生长所需的有机物。海洋植物种类繁多,千姿百态,其中海藻所占比重较高,是海洋植物的主体。海洋植物为海洋鱼类、虾、蟹、海兽等海洋动物提供食物。人类的一些绿色食品、工业原料和农业肥料也都源自海洋植物。

知识链接

海带属于海藻类植物,因为生长在海水中,形状像带子而得名。海带具有很高的营养价值,富含多种维生素和多种矿物质,其中含碘量很高,多吃海带可以预防甲状腺肿大,但甲状腺功能亢进患者不宜食用。

海洋哺乳动物

海洋哺乳动物又称海兽，是长时间生活在海里，或需要靠海洋中的资源来生活的哺乳动物。它们既有哺乳动物的共同点，又有独特的生理特征以适应海洋环境。它们多分布在北大西洋北部、北太平洋北部、北冰洋和南极水域。海洋哺乳动物对气候变化的敏感度很高，可以为人类研究气候提供帮助。

知识链接

蓝鲸是地球上已知的最大的哺乳动物，目前所知最大的蓝鲸是1904年在福克兰群岛周围发现的，这条蓝鲸长约33.5米，重195吨左右。它的力量也大得惊人，一头大型蓝鲸的力量可以和一辆中型火车头的力量相匹敌。

海洋爬行动物

海洋爬行动物是指生存在海洋中的爬行动物。海龟与海蛇类爬行动物主要在暖水海洋中生存；海鳄生长在热带及亚热带海域，原产于东南亚地区。当今海洋世界中最大的爬行动物是海龟，其中个头最大的是棱皮龟，体长约2.5米，体重约1 000千克。海蛇有毒性，生长于沿岸近海，以鱼类为食。

知识链接

棱皮龟头大，颈、尾短，无爪，四肢呈桨状，前肢特别发达，游泳迅速，主要生活在热带海域的中上层，多见于太平洋和大西洋海域。2013年，棱皮龟被列入《世界自然保护联盟濒危物种红色名录》。

海洋节肢动物

海洋节肢动物的附肢分节生长，故名节肢动物。中国海域记录的节肢动物约有4 400种，约占中国海洋生物种数的1/5。我们经常见到的海洋节肢动物有虾、蟹等，它们的肉味道非常鲜美，营养丰富。其外壳也是一种资源，可以制成纺织浆料，颜色鲜亮，不易被水洗掉。

知识链接

当我们在海边玩的时候，经常会遇到一些外貌奇怪的小蟹，它们钳子似的大对角长得很不对称，一个细小，一个粗大。当潮水退去之后，它们在海滩寻找食物，潮水涨起的时候，它们又退回洞里，人们称之为"招潮蟹"。

海洋软体动物

海洋软体动物身体柔软，住着用自己体内分泌的石灰质材料建造的"房子"，俗称贝类。海洋软体动物分布广泛，从寒带、温带到热带都有存在。常见的海洋软体动物有扇贝、蚌、蛤蜊、牡蛎等。有的软体动物可以做成味道鲜美的菜肴，有的可以从中提取珍贵的物质来入药。

知识链接

海兔是海洋软体动物中的特殊成员，它的外壳退化成为内壳，看上去像一只兔子，主要生活在世界暖海区域。它的头上有两对触角，前面短的一对是负责触觉的器官，后面长的一对是负责嗅觉的器官。

海洋鱼类

海洋鱼类分布广泛，从海岸到大洋，从赤道到两极海域都有分布。由于生活环境跨度大，海洋鱼类也多种多样。它们有一些共同点，如都有在水中便于游动的鳍状肢体、减少阻力的皮肤和用来呼吸的鳃。海洋鱼类富含蛋白质、维生素等营养物质，味道鲜美，为人们所喜爱。

知识链接

蝠鲼，又名魔鬼鱼，是一种体形庞大的热带鱼类。它的个头和力气让潜水员见了都害怕，因为只要它一不高兴，用它那力大无比的"双翅"一拍，就能置人于死地。有时候，它还会托着小船在海上游来游去。

海洋鸟类

海洋鸟类是生活在海洋沿岸，或常年在海洋上，筑巢时才回到陆地的一类鸟，有的海洋鸟类甚至一生都在海洋上度过。受海洋环境的影响，海鸟自身的结构也在慢慢变化，肌肉变得发达，羽毛也变得有利于游泳和维持体温恒定。有些海鸟甚至慢慢失去了飞翔的本领，变得擅长游泳和潜水。

知识链接

企鹅是卵生的海洋鸟类，不会飞行，却擅长游泳，它的游泳速度可达每小时25~30千米，是游泳健将。企鹅还会跳水，它能在冰山上腾空而起跳入水中，潜入水底，其跳水本领可以与跳水冠军一较高下。

棘皮动物

棘皮动物的外皮一般有长短不一的棘状突起，它的身体构造奇特，呈辐射对称状，有星形、球形、圆棒形等。它们主要栖息于海底，运动较慢甚至不运动，对水质污染很敏感，再生能力强。一些棘皮动物是名贵的海产品，如海参，肉质嫩软，营养丰富，被称为"海中人参"。

知识链接

海星的身体构造是棘皮动物中的典型，为五辐射对称，像一个五角星。它的嘴在其身体下侧的中间，可以直接碰触到爬过的物体表面。海星颜色多样，主要有红色、橘黄色、紫色、黄色、青色等。

刺胞动物

刺胞动物的身体是呈辐射状对称的，在身体表面有很多刺细胞，多长在触须上。刺胞动物主要有两种基本形态，一种是水螅型，比较适合固定着生活，身体像一个圆筒；另一种是水母型，适合漂浮着生活，体形像伞。值得注意的是，刺胞动物没有大脑，只有一些简单的神经和肌肉。

知识链接

水母是非常漂亮的刺胞生物，它像降落伞一样在大海里漂浮，体内水分含量高达95%～98%，呈透明状。水母长得美丽轻盈，却非常凶猛，它触手上的刺细胞可释放出毒性很强的液体，可以危害人的生命。

海绵动物

海绵动物是一类多孔滤食性的生物体，形态多样，有块状、伞状、扇状、分叉状、杯状等。它们种类繁多，分布广泛，从淡水到海水、从潮间到深海都有它们的踪影，有的颜色单一，有的五彩绚烂，黄色和红色偏多。海绵动物体形大小不一，较大的物种主要分布在加勒比海和南极的海域。

知识链接

海绵是多细胞动物，5亿年前就生活在海洋里了。海绵种类繁多，是海绵动物中的大家族，在海洋、湖泊和河流中都可以生存。它与我们平时所用的海绵不是一回事，我们用的海绵多是人工合成的产品。

hǎi yáng zī yuán
海洋资源

扫一扫 听一听

海洋资源是在海洋中形成和存在的资源，包括生活在海洋中的动植物、埋藏在海底的矿产资源、溶于海水中的化学物质、海浪或潮汐带来的能量和海滨景观等。海洋资源种类繁多、储量丰富，缓解了陆地资源紧缺的压力，给人类社会做出了重要贡献。在未来社会，海洋将是各国开发的重点。

hǎi yán
海盐

将海水引入盐田，然后通过日晒的方法使海水蒸发，留下来的晶体就是海盐了。它含有多种微量元素和矿物质，还带着其特有的鲜味，一般在腌制或烤制较难入味的食物时使用，很少直接用来烹饪。海盐还有一定的医疗价值，在医生的指导下将海盐和一些中药结合起来热敷，可以祛除疾病。

知识链接

"盐中的劳斯莱斯"是法国的"盐之花"，每50克需要近千元人民币。它是当地独有的一种天然海盐，含有多种微量元素，可以让食材原味最大限度地释放出来，使菜肴味道更加鲜美。

矿产资源

海洋矿产资源是海底各类矿产资源的总称，一般埋藏在海底沉积物和海底岩层中，主要有石油、天然气、磷矿、滨海砂矿等。我国海域的矿产资源丰富，已探明的石油资源约275亿吨，约占世界海洋石油资源总量的1/10。海洋矿产资源的开发缓解了陆地资源匮乏的压力，对人类社会有着重要的意义。

知识链接

滨海砂矿是滨海砂层中含有的金刚石、石英、金红石、钛铁矿等稀有矿物的总称。滨海砂矿中石英的含量最多，在石英中可以提取半导体材料硅。硅广泛地应用于电子计算机、无线电技术和自动化技术中。

海底石油

海底石油是埋藏在海洋底层的矿产资源，属于不可再生资源。石油是当今人们生活中不可或缺的能源，陆地上的油田已经很难满足人们的需求，世界上已有100多个国家和地区转向对海底石油进行勘探与开发。目前海上原油产量不断增加，占世界石油总产量的1/4，大大缓解了石油紧缺的情况。

知识链接

全球五大海上油田有三个位于波斯湾，分别是萨法尼亚油田、上扎库姆油田和迈尼费油田，另外两个分别是位于里海的卡沙干油田和位于巴西的卢拉油田。其中萨法尼亚油田所探明的石油储量最高，约为33.2亿吨。

天然气水合物

天然气水合物是一种结晶物质，看起来像冰块，让人惊讶的是它可以直接被点燃。它是天然气和水在低温、高压条件下形成的，主要存在于大陆永久冻土区以及一些海底、陆坡和海沟中。天然气水合物中99%以上都是甲烷分子，像一个天然气的压缩包，是21世纪理想的清洁能源。

知识链接

2017年7月，我国在南海北部的神狐海域进行的天然气水合物试采成功，连续产气时间超过8天，产气时间和总产量都创造了新的世界纪录，这意味着我国在该领域达到了世界顶尖水平。

海洋旅游

海洋旅游是旅游行业中的一个热门领域。海洋有着独特的风光、宜人的气候，可以进行丰富多彩的旅游活动，如海滨旅游、海岛旅游、海上观光、海底潜水等。海洋旅游可以让游客身心放松、心情愉悦，满足他们对海洋的向往与好奇，在带动当地人就业的同时，也为沿海地区带来丰厚的经济回报。

知识链接

舟山群岛是我国最大的群岛型旅游胜地，有1 300多个小岛。这里既有蔚蓝的大海、干净的沙滩，又有当地特有的民俗。有的景区还开发了特色旅游项目，如冲浪、滑翔伞等，吸引了众多游客。

海洋能源

海洋能源一般是指海洋中的可再生能源。我国利用海洋能源的历史非常悠久，早在1 000多年前的唐朝，沿海居民就利用潮汐来推磨碾谷子了。海洋能源具有永不枯竭、清洁干净、无污染等优点，在未来有很好的发展前景，是科学家们今后重点研究的能源领域之一。

知识链接

海流能是因海水流动而带来的动能。海流能的主要利用方式有两种：一是发电，它的原理与风力发电相似，靠海流带来的冲击力使水轮机旋转，进而带动发电机发电；二是助航，即"顺水推舟"。

měng jié hé
锰结核

锰结核是一种藏在大洋底的矿产资源。它形态多样，大小不一，小的只有几微米长，大的有几十千克重。锰结核中含有多种具有开发价值的金属元素，如锰、镍、铜、钴等，是未来可利用的最大的金属矿源。世界各大洋中锰结核的总储藏量约为3万亿吨，它还在以每年约1 000万吨的速度不断增长。

知识链接

锰结核中富含的金属元素用途广泛。如以锰为主要原料的锰钢，因具有坚硬、耐磨损等优点常被用来制造坦克、钢轨和粉碎机；钛元素密度小且硬度高，在航空航天工业领域得到广泛应用；镍常被用来制造不锈钢。

医药资源

yī yào zī yuán

广阔的海洋蕴藏着大量的医药资源，被称为"人类的大药房"。我国早在《山海经》中就有把海洋生物用作药物的记录。随着生命科学的迅速发展，对海洋医药资源的开发成为科学家们研究的重点领域之一，主要有抗癌药物研究、心脑血管药物研究、抗肿瘤药物研究等。

知识链接

我国是世界上利用药物最早的国家之一，《皇帝内经》《本草纲目》《神农本草经》中都有对海洋药物的记载。

71

生物资源

海洋生物资源是海洋中经济动物和经济植物的总称。它们是一类不断更新着的海洋资源，有着自己的生命周期，通过繁殖来延续自己的家族。海洋生物种类繁多，比陆地上的动物种类还多；海洋中的植物主要是海洋藻类，经济价值高的藻类有海带、紫菜等。

知识链接

南极磷虾是生活在南极洲的甲壳类动物，是重要的海洋生物资源。它是目前人们发现的蛋白质含量最高的生物，其蛋白质含量高达50%，还含有人体必需的氨基酸等物质。

潮汐能

潮水的一涨一落称为潮汐。海洋的潮汐中蕴含着巨大的能量，潮差超过3米就有实际应用价值。潮汐发电利用的是潮涨和潮落之间的高度差所产生的能量，建设潮汐电站有两个条件：一是有较大的潮汐幅度；二是海岸地形要能够大量储水，可以建造工程。潮汐能清洁、无污染，是理想的能源之一。

知识链接

我国有着丰富的潮汐能，主要集中在福建和浙江两个省份。我国已建成的最大潮汐电站是温岭江夏潮汐试验电站，规模世界排名第四。另一个规模较大的是福建平潭幸福洋潮汐发电站。

波浪能

海浪总是日夜不停地拍打着海岸，这一运动过程中蕴藏着取之不尽的可再生能源——波浪能。波浪能是海洋能中最优质的清洁能源之一，它的能量转换也相对简单，在未来有着广泛的应用前景。我国的波浪能资源丰富，2000年在汕尾建成了第一座岸式波力发电站，给当地人们带来了良好的环境效益和经济效益。

知识链接

世界上第一个商业海浪发电厂是位于葡萄牙北部海岸的"海蛇"，于2008年投入运行。为了避免风暴的影响，设计师利用仿生技术将其外形设计成一条大海蛇的样子，这也是该发电厂名字的由来。

海洋温差能

海洋温差能是一种海洋热能，它利用表层海水和深层海水之间的温度差来获得能量。目前，主要用海洋温差能来进行发电，如果利用南北纬20度之间的热带海洋的温差能来发电，水温下降1摄氏度就可以有约600亿千瓦的发电容量。海洋温差发电技术要求高、投资巨大，目前还没有被大范围推广应用。

知识链接

1881年，法国科学家提出了用海洋温度差来发电的构想。1930年，在古巴附近海域首次利用海洋温差发电成功，群岛上建成装机容量为1 000千瓦的海水温差发电站。

hǎi yáng tàn suǒ yǔ kāi fā
海洋探索与开发

扫一扫 听一听

80

自古以来人类就对一望无际的海洋有着很强的探索欲望，早在15世纪就有了郑和下西洋的壮举，16世纪麦哲伦首次完成环球航行。进入21世纪，随着人口增加、资源短缺等问题的出现，人类将目光转移到海洋这个"聚宝盆"上，向海洋拓展活动空间、开发海洋资源逐渐成为人们的共识。

郑和下西洋

明永乐三年（1405年），郑和奉明成祖之命，率领船队开始了一系列的海上航行活动，到宣德八年（1433年），共计航行7次，史称郑和下西洋。他们途经西太平洋和印度洋，最远到达东非和红海。郑和下西洋不仅是中国古代规模最大、航行时间最久的海上远航活动，也是欧洲地理大发现航行之前，世界历史上规模最大的海上航行活动。

知识链接

自明太祖朱元璋以来，明朝禁止对外交流，不允许海外贸易。郑和下西洋在一定程度上改变了当时的政策，开放贸易为明朝政府带来了丰厚的经济回报，赚得白银近千万两，解决了财政紧缺的难题。

哥伦布横渡大西洋

1492年8月3日，哥伦布在西班牙王室的支持下，率领着87名船员，分乘三艘帆船从西班牙的巴罗斯港出发，开始了远洋航行活动。他们经过70多天的海上航行，在10月12日凌晨发现了陆地，并将其命名为圣萨尔瓦多岛。哥伦布误认为他们所登陆之地是亚洲的印度，实际上他们横渡大西洋抵达了美洲。哥伦布此次航行是人类历史上第一次横渡大西洋。

知识链接

哥伦布是意大利的航海家，从小喜欢航海，特别崇拜马可·波罗，向往中国和印度。虽然他在航海上的贡献是伟大的，但他也是一个殖民者，给美洲原住民印第安人带来了毁灭性的灾难。

达·伽马到达印度

1497年7月8日，达·伽马率领140多名船员搭乘4艘帆船，从葡萄牙首都里斯本出发，经加那利群岛，绕过好望角，途经莫桑比克等地，在1498年5月20日抵达印度西南部的卡利卡特。达·伽马开通印度航路，促进了欧亚的贸易发展。这条航路的开通，也为欧洲对亚洲的殖民活动提供了条件。

知识链接

达·伽马是葡萄牙的著名航海家，年轻时他参加过葡萄牙和西班牙之间的战争。他的父亲和哥哥都是出色的航海家，达·伽马从小受到了很好的航海训练，这为他开拓从欧洲绕过好望角抵达印度的航线打下了基础。

麦哲伦环球航行

1519年8月10日，麦哲伦率领200多名船员、5艘远洋海船从西班牙出发。他们跨过大西洋、太平洋、印度洋，绕过好望角，在1522年9月6日返回西班牙。麦哲伦船队在这次航行中付出了很大的代价，他本人也客死他乡。但此次航行在世界航海史上有着深远的意义，他们开辟了新航线，证明了地球是圆的。

知识链接

麦哲伦是葡萄牙的航海家，相信地球是圆的。他的环球航行计划一开始没有得到葡萄牙王室的支持，后来他在西班牙王室的支持下终于完成环球航行。在航行到菲律宾群岛时，麦哲伦在与当地土著居民的冲突中被杀。

发现好望角

好望角是由葡萄牙航海家迪亚士发现的，他在1487年8月率领3艘海船从里斯本出发，沿非洲西海岸向南航行，希望找到一条通往印度的航线。在靠近好望角附近时遇见了大风暴，迪亚士发现这是一个深入海洋很远的地角，就将其命名为"风暴角"。后来，它被西班牙国王更名为"好望角"。

知识链接

迪亚士出生于葡萄牙一个航海世家，其祖父、父亲都是著名的航海家。迪亚士年轻时就喜欢在海上探险，有着丰富的航海经验。他发现好望角的航线，为后来的另一位航海家达·伽马到达印度提供了条件。

水肺潜水

水肺潜水是潜水员自带水肺进行的潜水活动，水肺中有压缩空气可以供潜水员使用。水肺潜水过程中因为有了空气的补给，使得潜水时间得到了延长，给潜水员带来了更多的便利。水肺潜水有很多规则需要遵守，比如不要憋气，憋气会给身体带来挤压伤、胀气、减压病等危害。

知识链接

水肺是一种便携式水下呼吸调节器，它可以在人吸气的时候打开，为人体提供适当的气体；在人呼气的时候关闭，把呼出的气体排出，就像人的肺一样。因此，它被人们形象地称为"水肺"。

潜水艇

潜水艇是可以在水下运行的舰艇，是大家公认的战略性武器。第一次世界大战后，潜水艇在军事领域得到广泛运用，主要用来攻击敌人的军舰、进行侦查等。后来，潜水艇也用于其他领域，如水下勘察、海洋研究、搜索援救等。潜水艇的研发难度大，需要很强的工业支持，目前只有少数国家能自主研制。

知识链接

美国独立战争时期，第一次将潜水艇用于军事领域，就是企图袭击英国军舰的"海龟"号潜水艇，但没有成功。第一次成功炸毁敌人军舰的潜水艇出现在美国南北战争时期，它自己也因爆炸而沉没。

深潜器

深潜器是在深海进行观察和作业时使用的潜水装置。它承担的任务一般有三种：一是用于军事活动，执行军事侦查；二是用来协助海洋资源的勘探与开发；三是用于海洋学术研究。深潜器有无人深潜器、载人深潜器、遥控深潜器等类型，其中最大下潜深度约为11 000米的载人深潜器是美国的"的里雅斯特"号。

知识链接

俄罗斯总统普京曾搭载俄罗斯"和平一号"深潜器潜至水下约1 400米的地方。电影《泰坦尼克号》的一些镜头也是"和平一号"拍摄的。

蛟龙号

蛟龙号是我国第一台自主设计、自主研发的载人潜水器，在马里亚纳海沟的下潜深度达到7 000多米，创造了世界上同类作业型载人深潜器的最深纪录。蛟龙号设计的最大下潜深度是7 000米级，可以在占世界海洋面积99.8%的海域活动，为我国的海洋探索与开发做出了重要贡献，具有里程碑式的意义。

知识链接

令人惊奇的是，蛟龙号可以自动航行。驾驶员设定好方向之后，蛟龙号就可以根据设定路线在海洋中自动航行，驾驶员也可以专心于海底探索。在这一方面，蛟龙号的驾驶员要比汽车驾驶员幸福多了。

蛟龙

海底隧道

海底隧道是在海峡、海湾、河口的海底建设的，用于沟通两边陆地的交通管道工程。它的优点是不影响海上轮船的正常航行，也不受海面大风、大雾等天气的影响。世界上已经建成和计划修建的海底隧道有20多条，典型代表有英法海底隧道、日本的青函海底隧道、中国的港珠澳大桥海底隧道等。

知识链接

港珠澳大桥海底隧道于2017年7月7日顺利贯通，它全长约6.7千米，是世界上最长、埋入海底最深、综合难度最大的沉管隧道。它的贯通为港、澳和珠江三角洲西岸地区的经济发展做出了重要贡献。

海上运输

海上运输是让轮船通过海上航线给国内外的港口输送货物的一种方式。海上运输有天然航道、运输量大、成本低、海上通过能力强等优点，在国际贸易中扮演着重要的角色。我国航运业发达，90%以上的进出口货物都是通过海上运输的方式来完成的，我国的远洋运输船队也进入了世界十强。

知识链接

班轮运输就像我们平时所乘坐的公交车一样，有着特定的航线和港口，根据计划好的时间表有规律、反复地载着货物航行。租船运输的航线、港口、航行时间和运输货物种类等，都要根据承租人的要求制定。

海水养殖

hǎi shuǐ yǎng zhí

在浅海、滩涂、港湾和近海养殖海洋水生经济动植物的活动被称为海水养殖。我国的海水养殖有着悠久的历史，几百年前劳动人民根据生活经验发明了养殖牡蛎和珍珠的方法，今天我国已是海水养殖第一大国。海水养殖既可以为人们提供更多富有营养的食物，也促进了沿海地区经济的发展。

知识链接

紫菜是一种常见的经济藻类，它营养丰富、美味可口。紫菜一般养殖在沿海滩涂潮流通畅、稍有风浪的区域，富含氮和磷的水域最佳。紫菜养殖生产周期短、成本低、收益高。

海上机场

海上机场是指在海面上建造的机场。主要有两类：一类是部分或全部填海造地而成的机场，如世界上第一个全部由填海造地而成的日本大阪关西机场；另一类是将单个或多个大型的漂浮设备固定在海底建造的机场，这一类型还主要停留在设计阶段。海上机场的建设成本较高，还未广泛运用。

知识链接

澳门国际机场是通过部分填海造地建设的机场，由人工岛跑道、候机楼坪和联络桥三部分组成，是我国第一个海上机场。它于1995年建成，结束了澳门无法与世界通航的历史，给澳门经济的腾飞插上了翅膀。

海水淡化

海水淡化是指将海水中多余的盐分和矿物质去除，并得到淡水的过程。在海水淡化过程中，人们不仅得到了宝贵的淡水资源，还得到了生活中不可或缺的食用盐。海水淡化技术的大规模应用开始于极度缺水的中东地区，后来在其他国家和地区得到推广，解决了全球1亿多人的饮水难题。

知识链接

反渗透法是目前海水淡化应用最广泛的方法。它是利用只允许溶剂透过、不允许溶质透过的半透膜将淡水与海水分开。反渗透法因具有设备简单、易于后期维护、能耗低等优点迅速占领市场。

海上工厂

海上工厂是人们为了更好地开发和利用海洋资源，把生产设备直接安装到海面的固定设施或浮动设施上的工厂。著名的海上工厂有德国海上氨厂、美国夏威夷温差发电厂、新加坡的海上奶牛场、巴西的巴西利亚纸浆厂、中国的海上油气加工厂等。

知识链接

中国海军"华船一号"自航式浮船坞是中国重要的海上工厂之一，它为中国海军远海执行任务提供后勤保障，提高了中国海军的远海作战能力。它的最大亮点是可以在6级大风和2米浪高的恶劣条件下作业。

海洋污染与灾害
hǎi yáng wū rǎn yǔ zāi hài

扫一扫 听一听

海洋污染是指人类活动所产生的有害物质流入海洋，破坏了海洋的生态系统。近几十年来，随着人类社会工业的迅速发展，灾难性污染事件频发，海洋污染越来越严重。海洋有时也会"动怒发脾气"，使海洋环境发生异常变化，给人类带来灾害，如灾害性海浪、海底地震、赤潮、台风、厄尔尼诺现象等。

石油污染

海洋石油污染是指石油在开采、运输、炼制和使用的过程中进入海洋而造成的污染。在众多的海洋污染中，石油污染尤其严重，每年排入海洋的石油污染物约有1 000万吨。进入海洋的石油会不断地扩散、蒸发、溶解，造成多方面的危害，如影响海洋生物的生存，破坏海滨景区环境，影响气候等。

知识链接

墨西哥湾的一个钻井平台在2010年4月20日晚上发生爆炸并引起大火，井底漏油持续半个多月，每天漏油量近5 000桶，是世界上严重的海洋原油泄漏事件之一。这一泄漏事件给经济带来了重创，并造成了严重的环境污染。

重金属污染

海洋重金属污染是指汞、铜、锌、镉、铬等重金属通过各种途径进入海洋而造成的污染，主要污染源有工业废水、矿山污泥、被污染的大气等。由于重金属污染物来源广泛、残留时间长、不易被发现，因此治理海洋重金属污染的难度非常大，应该尽力控制污染源，以预防为主。

知识链接

水俣病是一种典型的公害病，症状为口齿不清、面部痴呆、手足变形等，严重者甚至精神失常，这种病是由于人或动物食用了含有重金属汞的鱼或贝类导致的。重金属污染不仅影响生态系统，还危害人类自身健康。

117

放射性污染

海洋放射性污染是指由人类活动而产生的放射性物质进入海洋形成的污染。污染源主要有沿海核设施的排放、沿海核事故和核试验等。放射性物质进入海洋后，会逐渐扩散，有的还会与海洋中的其他物质发生物理或化学方面的反应，影响海洋生物的生长，人类吃了受污染的水产品也会危害到自身的健康。

知识链接

2011年4月，受日本大地震的影响，福岛核电站的大量放射性物质发生泄漏，6天内向海洋排放了约1.15万吨放射性核废水，引起很多国家的反对。

热污染
rè wū rǎn

海洋热污染是指将带有热量的工业废水排入海洋，造成海洋水温升高的现象。沿海的电力工业是热废水排放的主力军。产生海洋热污染的条件有三个：一是在局部海区，二是排入的废水水温高出该海区水温4摄氏度以上，三是常年排入。海洋水体温度增高破坏了海洋生物的生存环境，给一些水生物造成了致命危害。

知识链接

比斯坎湾热污染是由于一个火力发电厂大量排放热废水造成的，附近水域的水温增加了8摄氏度，改变了该海域的生态系统，动植物几乎绝迹，常见的硅藻、红藻和褐藻也不见了，耐高温的蓝绿藻则大量繁殖。

固体废物污染

人类在工农业生产和生活中所产生的固体废物进入海洋造成的污染，称为海洋固体废物污染。这些固体废物所占空间很大，有的漂浮在海上，有的沉入海底，有的滞留在海滩。这些固体废物来源广泛、种类繁多、成分复杂，给污染治理工作带来了很大难度。

知识链接

每年有数量众多的塑料垃圾进入海洋，不仅污染了海水，还给海洋生物带来致命危害。一些海洋动物将海水中漂浮的塑料制品当作食物吞进肚子，造成一种虚假的饱腹感，最终被饿死。

灾害性海浪

灾害性海浪是指给海上或沿岸地区带来灾害的海浪。它是在风的作用下产生的海面波动，具有很大的破坏力，如将海上的船只掀翻、冲毁海岸工程等，给轮船航行、海上作业带来灾难。灾害性海浪会给人们的生命和财产带来巨大损失，气象部门做好预报，及时发布预警可以减轻灾难的影响。

知识链接

灾害性海浪预警分为Ⅰ、Ⅱ、Ⅲ、Ⅳ四级警报，依次代表特别严重、严重、较重、一般，对应的颜色为红色、橙色、黄色和蓝色。在预测到有严重或特别严重级别的灾害性海浪时，相关部门至少要提前12小时发布警报。

chì cháo
赤潮

赤潮是海洋中一些浮游生物、细菌和原生动物在一定条件下过度繁殖，使海水颜色发生变化的现象。赤潮的颜色主要有红色、绿色、黄色、褐色等。海水的富营养化是导致赤潮的主要因素。发生赤潮的海水会变得黏稠、有臭味，导致鱼虾等生物因呼吸困难而死亡，给海洋捕捞业和养殖业带来损失。

知识链接

近年来，我国赤潮灾害频发，主要集中在渤海湾、大连湾、长江口、福建沿海、珠江口等地。最严重的一次是2004年5月发生在舟山附近海域的特大赤潮灾害，受灾面积达8 000~10 000平方千米，经济损失惨重。

海雾

海雾是指海洋上空的水汽凝结成的细小水滴，积聚起来使空气能见度下降到1 000米以下的现象。它的形成需要特定的海洋气象条件和水文条件，具有区域性和季节性等特点。海雾的低能见度给沿岸城市的交通、海上轮船的航行、海洋捕捞和海上军事活动等带来很多不利影响，是一种具有危害性的天气现象。

知识链接

平流冷却雾是指水汽充足的暖气流受海面冷却，其中的水汽凝结而成的雾，这种雾比较浓。最具代表性的是以大西洋的纽芬兰岛为中心和以北太平洋千岛群岛为中心的两个带状雾区。

海啸

海啸是一种具有强大破坏力的海浪，一般是由海底发生的地震、火山喷发等灾害引起的。在到达深海时，海啸浪高一般不超过1米。在到达浅海时，浪高骤增，能达到30多米，可以摧毁沿岸建筑、破坏港口设施、淹没沿岸村庄等，给沿岸地区人们的生命和财产带来毁灭性的灾难。

知识链接

2004年12月26日，爪哇岛南部的印度洋海域发生9级海底地震并引发海啸，当时正值圣诞假期，海边旅游度假人数较多。此次地震和海啸共造成了约22.6万人死亡，给沿岸地区带来沉重的灾难。

风暴潮
fēng bào cháo

风暴潮是指海水受大气剧烈扰动而异常升降的自然现象，风暴潮具有强大的破坏力。风暴潮分为台风风暴潮和温带风暴潮两类。台风风暴潮多发生在夏、秋两季，来势凶猛、破坏力大，主要发生在受台风影响的地区；温带风暴潮常见于春、秋两季，比台风风暴潮温和很多，破坏力较小，主要发生在中纬度沿海地区。

知识链接

孟加拉湾是风暴潮的多发区和重灾区，1970年11月发生的风暴潮夺去了当地近30万人的生命，导致100多万人失去了自己的家园。1991年，孟加拉湾又一次发生特大风暴潮，在有预警的情况下依然夺走了约13万人的生命。

海冰

hǎi bīng

海冰是海洋中所有冰的总称，既包括直接由海水冻结而成的咸水冰，也有一部分来自江河的淡水冰。海冰主要出现在冬季浪小、流速慢且海水含盐量偏低的近岸海区。海冰中的固定冰使得航道封锁、港口瘫痪，给海上运输带来很大损失；浮冰还会冲撞港口的建筑物，甚至撞毁海上的采油设施。

知识链接

世界上纬度最低的结冰海域为我国的渤海，一般在11月末至12月初开始结冰。该海域在1969年有过一次特大冰封，几乎整个渤海海面都被海冰覆盖，海上交通运输直接瘫痪。

厄尔尼诺现象

厄尔尼诺现象是指赤道附近东太平洋海水温度持续增高的现象，它对整个世界的气候都有影响。太平洋东岸降水增加，甚至会出现严重的洪涝灾害；太平洋西岸的热带地区干燥少雨，出现旱灾。对我国的影响是南方易暴雨洪涝，北方易高温干旱，由于厄尔尼诺现象出现在冬天，北方会出现暖冬。

知识链接

拉尼娜现象又称为反厄尔尼诺现象，是指太平洋中东部海水温度异常变冷的现象。太平洋东部因水温下降而出现干旱，太平洋西部则降雨量增加，出现洪涝。我国2008年雪灾就是受拉尼娜现象的影响。

海难
hǎi nàn

海难是指轮船在海上遇到自然灾害或其他因素所造成的灾难，给生命和财产带来巨大损失，同时也对海洋造成污染。天气条件、造船技术、船员技术水平和工作态度等都可能导致海难事故发生，其中人为因素是主要因素。海难发生后应采取应急措施，发送遇险求救信号，放下救生艇等待救援。

知识链接

泰坦尼克号沉船是世界上著名的海难事件之一。泰坦尼克号是当时世界上最豪华的客运轮船，号称"永不沉没"。不幸的是，它在第一次正式航行中就遇到了冰山，被撞成两截沉入了大西洋，导致1 500多人遇难。

扫一扫 听一听

　　小朋友们，读完了这本书，你对海洋有多少了解呢？认真读一读下面这些问题，说出哪些是对的，哪些是错的吧。

1. 地球上一共有5个大洋。　　　　　　（　　　）

2. 世界上最深的海沟是马里亚纳海沟。（　　　）

3. 冰山的大部分都位于海面上。　　　（　　　）

4. 蓝鲸是最大的海洋哺乳动物。　　　（　　　）

5. 企鹅是海洋鸟类。　　　　　　　　（　　　）

6. 海底石油是可再生资源。　　　　　（　　　）

7. 达·伽马证明了地球是圆的。　　　（　　　）

8. 海洋污染很严重。　　　　　　　　（　　　）

9. 海啸的破坏性不大。　　　　　　　（　　　）